よしだのお家のおとりさま

オカメインコから文鳥ヨウム等など鳥づくし♪

JN199044

よしだ☆かおる

今回の総集本を出す為に1～6巻を読み直して
気がついた
嘉男お迎えのショートストーリ描いてなかったねっ
あれれーっ
シロハラファンの方は2巻から嘉男が活躍していますので
ぐえん
よろしくお願いします♡

目次

よしだのお家のおとりさま

旦那と交際中に
二人でよく
ペットショップに
行っていました。
わーっ。
ここの店
ヨウムがいるよ
ピピピ
ヨウム？
当時は知らない↓
この子触っても
大丈夫だよー
カキカキ
へー
この頃旦那は
こう思っていた
こんな怖い顔の
鳥……かわいくねぇ
その後私は
文鳥四羽と
無事に嫁入り
ラッキーと
その妻達
そして鳥好きの
旦那のおかげで
セキセイ一羽と
オカメ一羽を
お迎えした。
キイちゃん↑
マックス↑
目が小さい
ある日
餌を買いに
某ホームセンターへ……
アイちゃん伝説　前編

アイちゃん伝説　前編

そこで出会ってしまった
一人と一羽!!
しかもこんな悩殺なポーズで
ヨウムってこんなに可愛いいんだ
うわーっ
羽根モフッモフッ
うん。カワイイね
あーこっちにも大きい鳥がいる
……と旦那がよそ見をしている時に
ええ!?
ガブッ!!

え⁉
いや、やっぱりヨウムの方がカワイイよなっ
で、こいついくらするんだ?
えーっと……
ヨウム
29万円
わお
さすがに即決はできなくて帰ってから会議
どうする? やっぱり高いよね
そうだよね。
この頃、私はT書房に漫画を持ち込みをして再々デビューを果たし
ぼちぼち仕事をもらえていた。
旦那的には私の決断次第だったらしい。
欲しいオーラ
いんじゃない飼おうよ
私も大型の鳥は飼ったことがなかったので憧れていた。

そして一週間後にお迎え♪
アイちゃんはよく喋る子ですが
環境が変わるので喋るまで時間がかかるかもしれません
店長
お店で名前が付いていたのでそのまま使うことに
アイちゃんよろしくねー
・・・・・・
実は鳥カゴはサービスで付けてもらったのだ。
アイちゃんを乗せたカートでホムセンを通ると注目されまくり!
ガラガラ
何あれ?
ハト?
家に到着してもしばらく緊張している様子だった。
じーー。。
いつになったら喋るんだろうね
いっぱい言葉覚えるらしいよ
ワクワク
ザ・ヨウム
コンバンワー

しゃべっているよー!!
うわー
コンバンワー
お迎え二日目にケージから出してみる……
?
出て来た♪
ガブっといかれても大丈夫なように
皮手袋で遊ぶ旦那
ソファーに移して遊ばせていると
アイちゃんの様子が変わった

はひっ
はひ
んー?
どうしたん
だろう
ヨウムって
こういう
動きするんだね
ひー
ひーっ
何だろうね
キラッ
その時……
突然……
ガブーッ!!
かみつかれた!!
ひゃあぁ〜っ

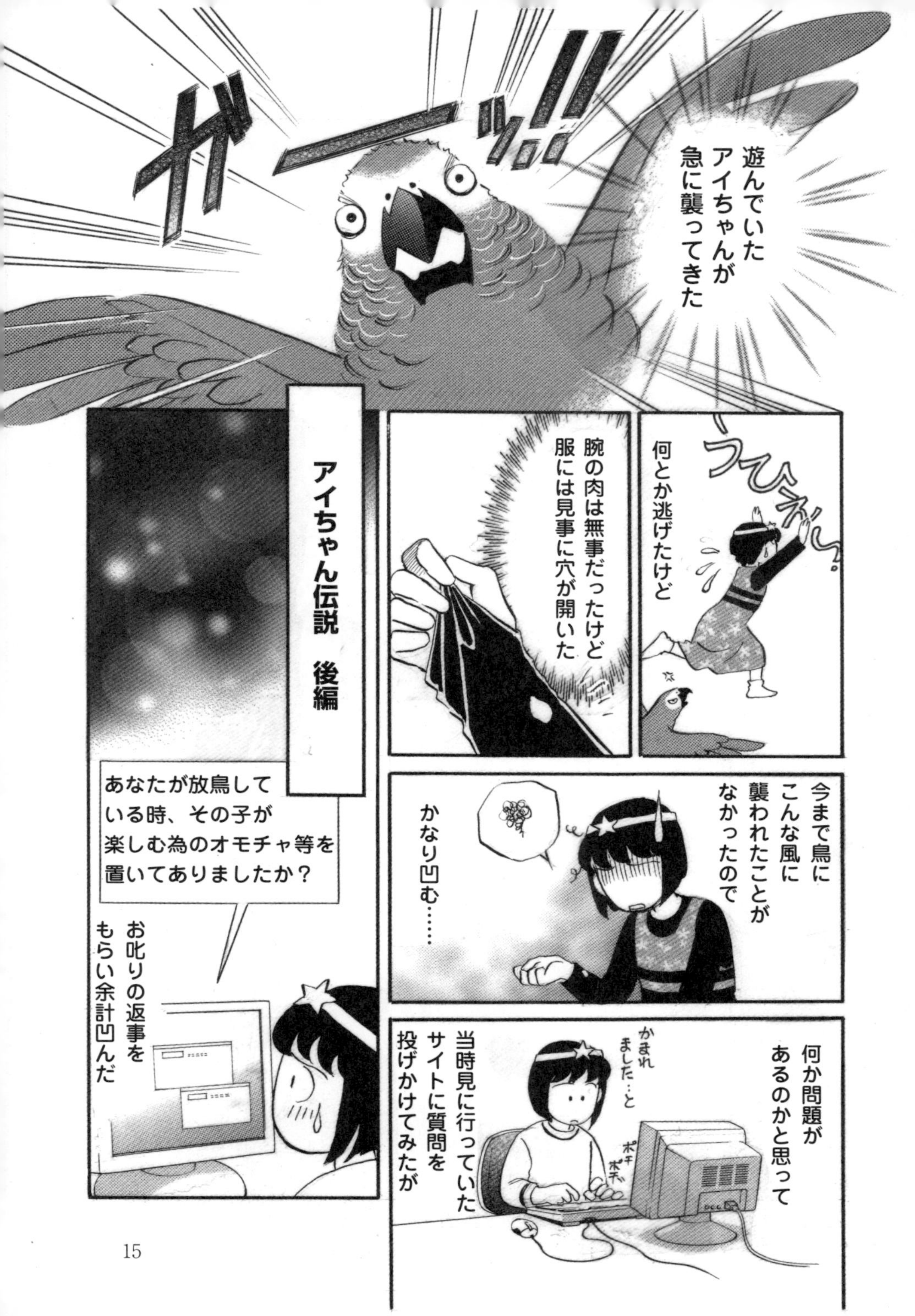
ガーーーッ!!
遊んでいた
アイちゃんが
急に襲ってきた
うひえ〜ん
何とか逃げたけど
腕の肉は無事だったけど
服には見事に穴が開いた
アイちゃん伝説　後編
今まで鳥に
こんな風に
襲われたことが
なかったので
かなり凹む……
何か問題が
あるのかと思って
当時見に行っていた
サイトに質問を
投げかけてみたが
かまれました…と
ポチポチ
あなたが放鳥している時、その子が楽しむ為のオモチャ等を置いてありましたか？
お叱りの返事を
もらい余計凹んだ

この噛みつきの件で
正直な所旦那も
アイちゃんとの生活を
見直す事を
考えていたらしい
どうしよう……
ヨウムは長生きで
この先20年以上
アイちゃんの
攻撃を受けて
暮らす
私も仲良く
暮らして行く
自信をなくして
いました……
そんな時
ある鳥の本に
Companion
コンパニオンバード
「大型の鳥は賢く
一人の飼い主にしか
なつかない「オンリー」という
状態になる事がある」
!?
CompanionBird
コンパニオンバード
この言葉のおかげで
私の中で何かが抜けて
気が楽になりました。
そーなのか!
ん〜〜

何とか好かれようと
努力するより
私が世話して
いるんだから
感謝しなさいよ！
ハラ立つ～!!
ゴシゴシ
へっ!!
ケンカしながらでも
普通に付き合って
行けるように……
話はぐるっと
変わりますが
アイちゃんを家に
お迎えしてから
分かった事があります。
もふぃ～
こいつも一応鳥なので
飛ぶと思っていたけど
?
ぼ～
まったく飛ぶ
気配がない……
飛ぶ真似は
するんだけどなあ……
ばさ
ばさ
旦那が調べて
みると……
あれ？

左の風切り羽が全然ないよ
短い
あ！　本当だ
本当はこんな感じ
……と一ヶ月様子を見てみたけれど
生えて来ないねぇ
もしかして換羽で抜けているのかな？
のんきー
その内生えて来るんじゃない？
それからアイちゃんは左足の爪が一本欠損している
ヒナの時に何か事故でもあったのかな？
恐竜だー！
ショップの人には気付かなかったって云われた。
それでもやっぱり本性は鳥……
ある日高い所から
ちょっと飛んでみた！
ぱっ
♪
落ちた!!
どしゃっ

【現在は日曜診療はしていません】

初めての病院＆クチバシ折れのショックからか
は—…
家に戻ってもまったくエサを口にしない
……
もしかしてクチバシが痛くて食べられないのかな?
そーだ。セキセイヒナを育てた時のエグザクト冷凍してあったんだ
アレなら食べるかも
アイちゃんだってヒナの時に食べていたと思ったので
お湯でといて
!?
アイちゃんこれ何か分かる?
ドロドロ
食うっ!!
ガッ
ガッ

やっぱりお腹空いていたんだ!
うまーっ
この時だけは私を噛む元気がなかったので
腕に乗せて記念撮影
後日、病院に連れて行って検査の結果を教えてもらう
遺伝子の病気も見つかりませんでした
そしてアイちゃんは、
男の子ですね
え!?
ぶっ
「アイちゃん」=女の子だと思い込んでいたけれど
ぽーっ
旦那《オトコ》好きの男子でした(笑)

アイちゃんはショップに1年以上いたので
わん わん
ウチで覚えたんじゃないでしょう?
たまに
ゴホ ゴホッ
ゼェ ゼェ
誰か喘息の人いたのかな?
辛そうに聞こえるけど本鳥は元気
はー ぜぇ
ある日の眠たそうなアイちゃん
まぶたがくっつきそう……
こんな状態のアイちゃんを見つけるといつも
アイちゃん
びく
いつもだったら起きるんだけど
ダメ…

その後のアイちゃん
顔は相変わらず怖いんですが
少し仲良くなれました
微妙な距離
16年一緒ですから（笑）
どんだけ仲良しかというと
ケージ越しカキカキ
そしてたまに……

ヒザに乗ります
緊張感漂います
来たばかりの時みたいに飛びかかっては来ませんが
ガーッ!!
旦那が側にいれば大丈夫
推定18才のアイちゃも性格が丸くなったのでしょう
ぐー
特に言葉を教えたりはしていないけど
まあね
人間が咳をすると
ゲホ
ゲホ

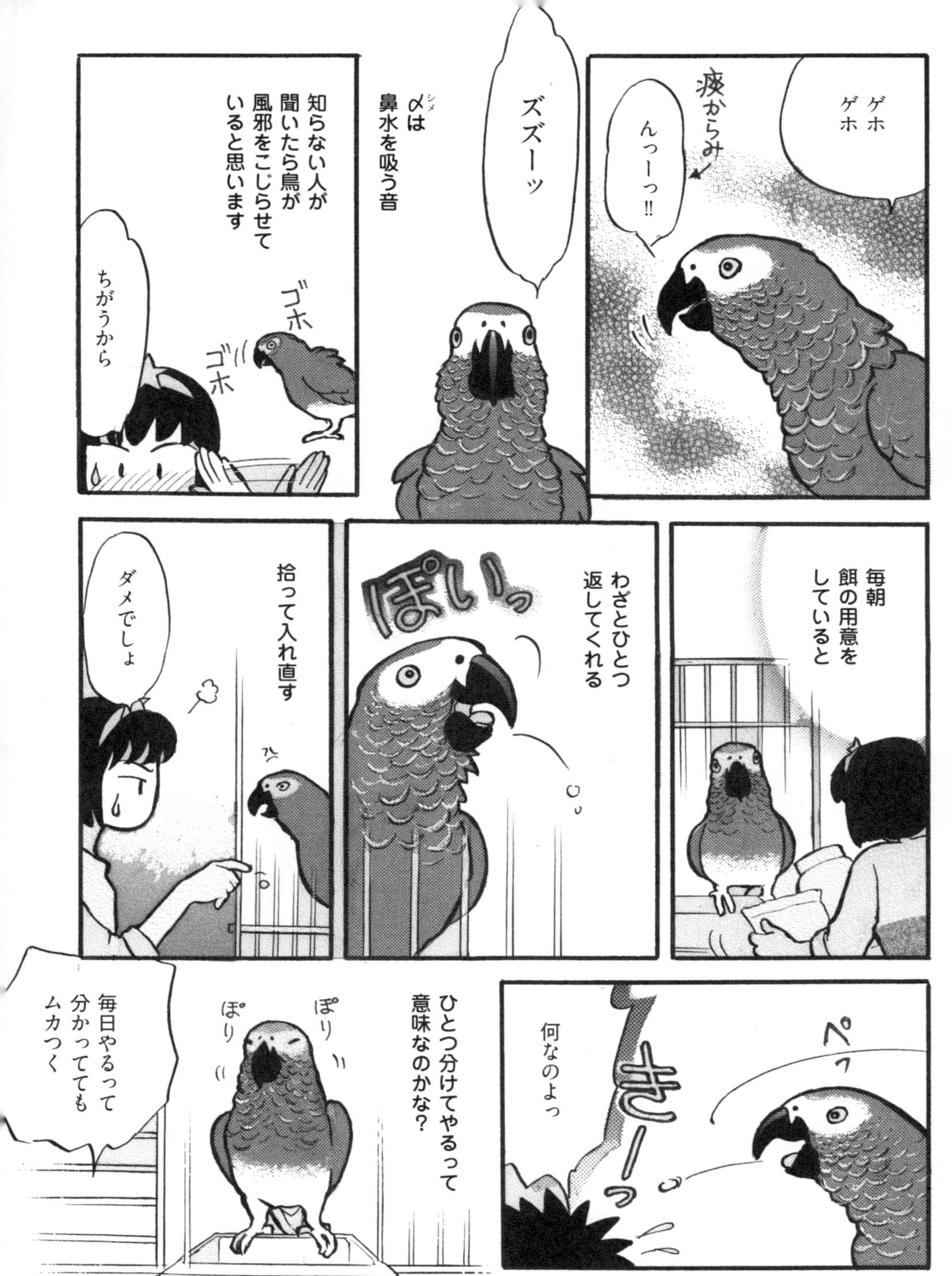

ゲホ
ゲホ
痰からみ
んっーっ!!
ズズーッ
〆《シメ》は
鼻水を吸う音
知らない人が
聞いたら鳥が
風邪をこじらせて
いると思います
ゴホ
ゴホ
ちがうから
毎朝
餌の用意を
していると
わざとひとつ
返してくれる
ぽいっ
拾って入れ直す
ダメでしょ
ぺっ
きーっ
何なのよっ
ひとつ分けてやるって
意味なのかな?
ぽり
ぽり
毎日やるって
分かってても
ムカつく

実家は建築業だったので
たくさんの材木がありました
コンコン
コンコン
コンコン
すぐ近くから木をたたく音が……
あー キツツキだ
そこから虫は出てこないよ（笑）
コココココ
あとで大工さんに追い払われてました
こらーっ!!
ぴゅーっ
30年前はまだ近くの山でカッコーが鳴いていた
カッコー
す・すごい近い？
カッコー
カッコー
家の前の電線で絶叫するカッコーを初めて見た
カッコー
カッコー
ちなみに庭にはキジのペアがよく来てた……
一応札幌市内です

母と小鳥

家には私が
物心ついた頃から
小鳥がいました
3才くらいの白黒写真
雑種犬♡
家族みんなが
動物好きで
犬も絶えず
飼っていました。
特に小鳥が
好きだったのは
母です。
セキセイインコ
文鳥・コザクラ
たくさん思い出が
あります。
ぴよ
我が家は
小鳥といえば
放し飼いが普通
朝カゴから出して
後は自由なのに
いつも人の側にいた(笑)

お昼すぎに
居間を通ると
ソファーで
うたた寝を
している母がいる。
その肩で一緒に
寝ているインコがいて
ほっこりする。
私の気配に
インコは気が付くけど
なんだ
あいつか
ねむいのだ
やっぱり寝る
あの子にとって
母の肩が一番
居心地の良い
場所なのだろうね
はいはい
おジャマしま
したーっ

母さーんっ
ラッキーそっちに
行くからよろしくね
はいはい
おまかせ
よいしょ
今は空の上で
これまで暮らした
鳥達と楽しく
やっているかな？
こっち
だよ～
ぱたた
そら行けっ!!

ハルが最初に
覚えたのは
嘉男の
鳴き真似
べえーっ
そして
ついに……
きゅっ
きゅっ
文鳥を
マスターした!
きゃるる
君はセキセイインコだよ
ハルの性別
わかっていません
小柄です
人間キライ
水を替えると
寄ってくるので
ぴ
クチバシや頭を
なでてると
のけぞりー
やばっ

ジャンボなボッツ

ピヨ
ピヨ
小さなヒナインコに
踏まれていた
哀愁の
ジャンボセキセイ
その哀愁に負けて
お迎え決定！
ふびんだ…
この踏まれている
大きい子ください
ジャンボって
大体こんな感じで
ノンビリした子が
多いんですよ
えっ？
そんな縁で
ウチの子になりました
ジャンボセキセイの
ボッツです♪
ゲッ

挿し餌も一日三回くらいの大きさだったので
飛ぶ練習に入っていました。
ぴよ ぴよっ
以前育てたインコが挿餌の最中に
ぱたた
あっ
ひゅん
ひゅん
ひょろひょろ
そっち行っちゃダメー!!
かーん。。
うわっ!!
キャッチ!
ーという経験があったので
少し羽切った方がいいよね?
ぴよっ
その瞬間
ぱっ

あーっっ!!
ベベベ〜
体が重いから
低い!!
10cm
べしゃ
げっ!?
どんっ!
羽の力がまだ体重に追いつかないんだねえ
まったく〜
この時はこう軽く考えて
そのままテーブルに置いた
はーびっくりした…
!?

出血している!!
？
しかもポタポタと垂れる程の出血！
ヒナ
多量
出血
しかしアタマがパニック状態で探し出せない！
どこーっ？
とにかく旦那が出血部分を強く押さえている間に
しっかりしろーー！
ぐえ
私は傷口を焼くためのお線香を探す
近所のコンビニに行っても
置いていません
店員
何だとーーっ!!

私が外へ買い物に
出ている間
旦那も頑張ってた
とにかく傷口を
強く押していれば
出血は止まるはず
げぇ
ぎゅうっっ
するとボッツの
クチバシの色が
紫色になって
来たという
ええっ!?
ぽっ
ふうっっ
押しすぎなんだよっっ
結局お線香が
見つからず戻ってきた
ヒナがこんなに
出血したら
時間の問題……
血だらけのティッシュ…
家にある
鳥の飼育書を
ひっくり返し
止血法を探す
こ、これしか
ないっ!
インコ

出血している
筆毛の根元を
糸で縛れという
糸はある……
しかしここで
ひとつ問題が
悲しい事に夫婦で
老眼が進んでいて
細かい作業が難しい
オレ絶対
ムリだから!!
えー…
仕事用の
老眼鏡を掛けて
縛ろうとしたけど
出血部分が
赤く染まって
どの筆毛から
出血しているのか
特定できない！
どこから
出血しているか
見えない!!
気分はER
はやくして～～…
できない～
頑張れ
かーちゃん!!
何度目かの
挑戦で……
きゅっ。

何とか縛ることができた!
やった!
もういい?
糸
保温してプラケースに戻す
とりあえず出血は止まったように見える
特に弱っている様子もなかったけど
小鳥は急変する事が多い
やっぱり動物病院に連れて行った方がいいよね
そうだな
札幌でも夜間に診てくれる病院ができていたので……
小鳥なんですが……
事前に電話を入れる
旦那は食後に飲酒していたから運転できないのでタクシーで行く事に
○条×丁目の動物救急病院お願いします

あーっそこ前に二回行った事ありますよ
どうしたんですか?
あそこ新しく出来た病院で少し分かり辛い場所なんですよ
セキセイインコがケガしちゃって
そうなんですかー可愛そうに
びっ
こんな時に病院の場所を知っているタクシーに出会えたボッツは運のいい子です
車中で何度もカゴを覗いて
大丈夫だからね
ピヨ?
病院に到着
うわっ本当に分かり辛い住所だけじゃ着けなかったかも
夜間動物病院
先ほど電話したセキセイインコです
はい

鳥は詳しく分からないんですが応急処置をします
はい
こういう対応は長年鳥を飼っていて良く聞く言葉です。
出血は止まっているみたいですね
ケースに酸素を送って様子を見ますので待合室でお待ち下さい
診察室
よろしくお願いします。
待合室には他に2組ほど診察を待っている家族がいた。
人間ってこういう時結構、最悪な事を考えたりする……
もし連れて来るのが遅かったりしていたら……
吉田さん
どうぞっ
はっはい

キィ…
どきどき
ニュー
ポリ
ポリ
一応エサをまいておいた
大丈夫そうですね
エサ喰ってんなーっ!!
念の為 明日 通っている病院に 連れて行って下さい
は……はい
実はこの時をきっかけに大人餌に切り代わりました。
ボッツ〜
?

×××円です。
うぅぅ…
本体より高い治療代!
病院前でタクシーを拾うと
ここの病院から出て来たでしょう何を連れて来たの?
あっ小鳥です
そうなんだ ボクはうさぎを飼っているんだけど やっぱり病院にかかる事が多くてねー
行きも帰りもペット好きの運転手さんでした
ぴっ
家に着いたのが夜中の一時過ぎ旦那は起きて待っていました。
どうだったー?
診察室でエサ喰ってた
何だそれ?
今日は大変だったね
止血剤もたっぷり塗ってもらったのでプラケース内の温度を高めにして寝かせました。
げっ
まったくだよ

翌朝一番で
札幌の鳥専門病院へ
先生に昨晩の状況を説明
美人先生♡
あらー大変でしたね
ゲ
ムムム
でも縛った糸はないですね きっと取っちゃったのね
それじゃ羽を抜いてしまいましょう
ニコニコ・・・
えっ？
そして一気に
それっ
びっ
ブチ
うん。大丈夫 出血もしていないわね
えぇーっ？

先生に見せて
もらった羽根は
見事にタテに
裂けていました。
どしゃァァ
ゲッ
きっと体の重さで
裂けたんだね……
ばきっ
昨夜から
保定されっぱなしの
ボッツ
受診中も
おとなしかったです。
ふっ…
なれたもんだぜ
病院から貧血対策の
錠剤をもらって
帰って来ました
お大事にー
そしてボッツは
現在も重そうな体で
軽快(!?)に
元気にしております。
ゲゲッ

鳥をたくさん飼っているとよく聞かれる
何羽いるの？
うちっ？
えーっ……と
居間に七羽で
仕事部屋に～～
11？
たぶん
鳥飼いは5を越えるといいかげん
へえ～
私も聞いてみた
タマさんの家今何羽ですか？
えーっ……と
5～6で
あ そういえば増えたんだっけ
う～んと…
があ～
19？
やっぱり多飼主に数を聞くのはやめよう

私が22～23才の時
父がある鳥を
連れてきた
マジ？
その名は
「孔雀」
ーと
その仲間達。
リーゼント
キンケイ！
コッ
コッ
チャボっ娘
コッ

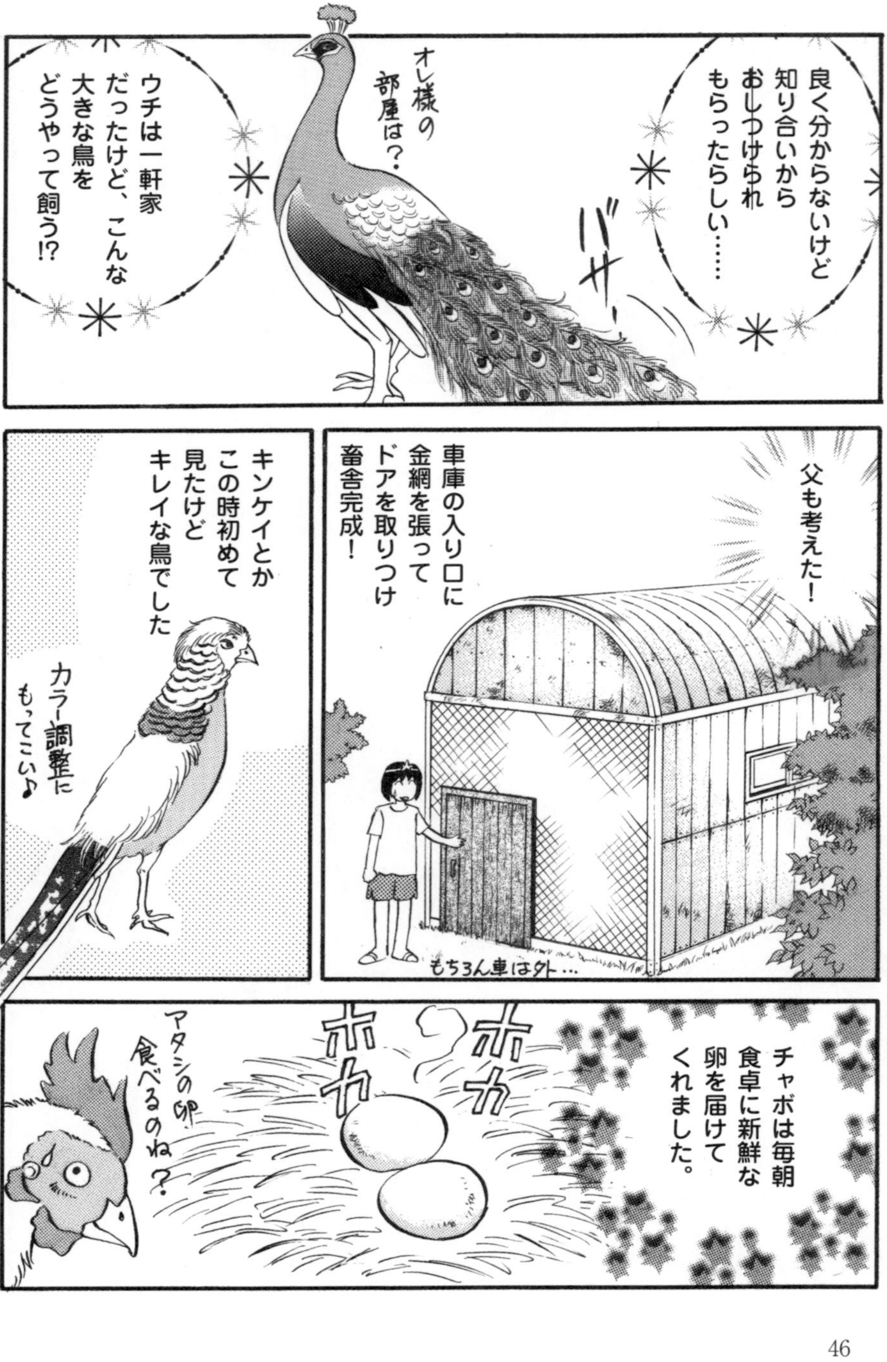
良く分からないけど
知り合いから
おしつけられ
もらったらしい……
バサ!
オレ様の部屋は?
ウチは一軒家
だったけど、こんな
大きな鳥を
どうやって飼う!?
父も考えた!
車庫の入り口に
金網を張って
ドアを取りつけ
畜舎完成!
もちろん車は外…
キンケイとか
この時初めて
見たけど
キレイな鳥でした
カラー調整に
もってこい♪
チャボは毎朝
食卓に新鮮な
卵を届けて
くれました。
ホカホカ
アタシの卵
食べるのね?

主にお世話をしていたのは母でした……
ほとんど目線が一緒
私は当時大きな鳥が怖くてあまり近寄らなかった
たまに中を覗いてみると
クジャクが近くに来て
?
フルフルフルフル
ばっっ!!
おおっ

クジャクが羽根を広げているのを見たよ！
えーっ見た事ない
世話してるのに！
父→
オレも
姉↙
アタシも
そ……そうなの？
アレ…？
実は私は何回も見ていた
もしかして私は……ヤツに求愛されていたの？
べつにーっ
それとも威嚇されていたのかどっちだったんだろう？

実はクジャクとの生活はあまり長く続かなかった
この頃私はマンガ家らしい昼夜逆転の生活をしていました。
カリカリ
あー今日も夜が明けて来たなあ
つかれたー
ミャー
びくっっっ
クジャクの雄叫びだった
えぇーっ あんな声で鳴くんだ
当然ながら近所から苦情……
子供には人気だったが
ウチは建築屋だったので資材置場に連れて行かれました
短い付き合いだったね

犬の多頭飼い
ちゃんと上下関係ができていますね
世間的に「バカ」と思われている鳥界もそうです
んっ？
文鳥4羽飼いの時
大きいお皿でお風呂を用意する
一番風呂は年長のラッキー
他の子が行くと怒られます
ばしゃ
ラッキーの後は
本妻のセブン
ぱちゃちゃ
次は愛人のビンゴとモンモン
この2羽はいつも小競り合い（笑）
きゃるる
ラッキーが戻ると
皆んな出ます
ぴたっ

まだまだ寒い二月
古い友人Ｏさんから
電話があった
どーも
お久しぶりです
ねーねー
かおるちゃん
文鳥いらない?
は?
いやー四羽
生まれちゃってー
文鳥3兄弟
うご
うご
ぎゃーっ!!

Oさんは隣町
暮らし
お迎え日を
決めて出発!
ヒナは久しぶりで
楽しみだねー
まーね
何羽もらおう?
見てから
決めたら?
ワク
ワク
Oさんのマンションに
駐車場がないので
旦那は車で待機
こんにちはー
いらしゃーい
病院で健康診断
済ませてあるからね
ご対面ー♪
びゃっ
びゃっ
ひーっ!!

早速写メを旦那に送る
何羽にする？
ピピッ
おっ返信はやっ
ピロ〜ン
EXT
全部もらえば？
ぶはっ
実は一羽少し餌やりに苦労している子がいるんだよね
ひと口ふた口しか食べないの
他の子は食欲旺盛で大丈夫だよ
それじゃ三羽ウチで引き取らせてもらいますー
よろしくねー
こうして怪獣の子どもみたいな三羽が我が家にやってきた
え〜三羽全部じゃないの？
そんなに欲しかったの？

ウチに来て
初挿し餌の時は
あまり食べて
くれなかったけど
知らない人間に不信感
二回目から
食べる食べる（笑）
オイラが先！
お腹いっぱいになったら
三羽一緒に手の中で
おねむ……
幸せで
死にそう
三羽が来てから
旦那に変化が……
ふむ
三羽いると
プラケースの中
ウ○コまみれだな
何がびっくりって
今までヒナを飼っても
「世話」をするのは私で
旦那は「かわいがる」
だけだったのに！
よしっ
キレイになった
文鳥ヒナパワー
すげーっ!!
レイアウトも
変えた方が
いいかも
うそ
うそ～

鳥のヒナ時代なんて
あっという間
翔と佑は重くなったね
ずし
佑
翔
ツルは何だか
いつまでも
大きくならない
いつも眠そうだし…
口バシも足も黄色いよね
ツル
念のため病院に
連れて行くことに
した
ツルを診た瞬間
先生が
この子は何の鳥ですか?
え?
先生がそう思うほど
黄色が尋常じゃ
なかったらしい
白文鳥です
そうですよね
先生はまず
お腹を調べて
肝臓が異常に大きくて黄疸が出ているんですね
ツルの親が
兄弟であることを
話すと
そうなると生まれつきの障害かもしれません

肝臓に効く
お薬を出しますので
様子をみましょう
はい
この時初めて
とても重症だと
理解した
そしてツルとの
投薬戦争スタート！
朝晩ひと口
飲ませねば
ちら
Oさん宅の子も
大きくならないって
聞いていたので
連絡を入れると
病院から
電話きたよー
明日行って来る
薬の好きな
鳥なんていないさ……
ツ〜ル〜
お薬だよ〜
びゃっ
むず
クチバシの横から
薬をたらして
イヤー！
くちばしを
ちょっと開ける
クチバシを
つかむ!!
むぐぐ
ごくん

はい　お疲れサマ
クスリ まずーい!!
ペッ ペッ ペッ
鳥にとっては
凄くイヤな事
やっていると思うけど
あんたの為
なんだよ
だって〜
ツルは人間を
嫌わないでいて
くれました
ツル
薬臭いねー
ちゅー
そして一ヶ月
薬を変えながら
投薬が続いた
う〜ん
体重も減っているし
肝臓も大きく
なっていますね
このお薬も
効きませんね
……
……
このままお薬
続けますか？
私の覚悟は
決まっていた

この病気が
ツルの運命なら
それを受け入れようと
いえ　薬はもう
飲ませません
おわったの？
病院に通うにも
体力を使ってたと
思うし
ツルの生命力が
どこまで続くか
分かりませんが
最後まで
みんなと仲良く
楽しく暮らさせて
あげたいです
カカカ
ツルもうお薬
飲まなくていいよ
ふ〜ん
おうっ
どこ行ってた？
あそぶっちゅ？
にーたん！
生まれた時から
ずっと一緒の三羽
でも遊ぶのも
体力がいるね（笑）
本当はツルだけ
プラケに入れて
保温してあげた方が
良かったのかもしれない
でも兄たん達が
温めてくれていました
ZZZ

放鳥すると
人間の所まで
飛んで来ます
がんばれー
ヘロヘロ〜
体力がないので
すぐ寝ちゃうけど
ぐー..
起きたら
いたずらに
いそしむ
ガジ
ガジ
抱っこして欲しい時は
首元でおねだり♪
だっこ
もう〜ツルは
甘えん坊だから
体温の高い旦那の
手の中が大好き
あったかーい
ギガ甘ぃ旦那
あったまって
ホクホクになると
また兄ちゃん達と
遊ぶ
ぴょ〜ん
でも……あの日
今日はずっと
抱っこなのか
ズルイ奴め

私と旦那に
替わりばんこに
抱っこされた
ツルは……
翌朝　虹の橋を
渡りました
七ヶ月頑張りましたよ
生え換わる事のなかった
グレーの羽
軽い身体に愛が
いっぱい詰まってた♪

＊替わりばんこ⇒交代で（北海道弁）

タマさん宅で
シロハラが
生まれたのを
ネットで見た
うおー
後日タマさんから
鳥仲間との食事会に
誘ってもらった
行きます♪
シロハラ
すすめられたら
どうしよう……と
お久しぶりです
元気ー？
かおるさん
シロハラ飼わない？
飼う
うぃっ
即答でした
シロハラインコ
来るんだよー
名前
どーする？
イチゴは
一号二号の
一号をもらったので
「イチゴ」
ウチに来る子は
四男坊だって
4
よん
うーん
糸井がタイムリー!!
カキーン
よー
よしっ
勝った!!
嘉男《よしお》
ウチのネーミングは
大体こんなもん

ついに札幌にもフクロウカフェがオープンしました
ねぇっ行かないの?
行ったら連れて帰って来ちゃうだろう
うっ
それにネズミも飼わないとダメだしー
枝はどの辺りにあればいいのかな?
飼う気?!

鳥好きのかおるさんは
飼っている子をちゃんと
見分けていますよね？
たまに聞かれます
種類の違う子は
わかっているけど
えーっと
まあ……
きゃるる
きゃる
白文鳥は
足輪の色で区別
全員白いんだ
わかるワケないっ!!
あっちの奥に
いるのが翔？
うーん
ぱるる
佑だった
じゃあ……右に
いるのがきゅん？
こんなもんです

家にメンテナンスとかで業者さんが来る
○×設備です
ん？客か？
どーぞ
帰り際にいろいろ説明を受けていると
これがですね
ふん ふん
あーっそう！
お前が返事するな！
すいませんっ
はずかしい
アイちゃんは私が留守だとよく喋るらしい
あのねー
ぽっぽー♪
旦那とのラブラブタイムを満喫している
東京に行った時も一日目
そーでした そーかっっ
うるさいっ!!
二日目
も〜う
ゴニョゴニョ
ウフフ
もういい…
三日目
「アイちゃんがうるさいから早く帰って来い」

東京レポート
'12年鳥4コマ本の発売もあって何か東京で行われる鳥のイベントに参加したいと思い
六月三日に東陽町で開催された「小鳥まつり」へ！
ぴよぴよ～
会場に入ると……
いきなり大型オオバタンがお客様をお迎え！

* 産まれた次の日から人の手で育てられました

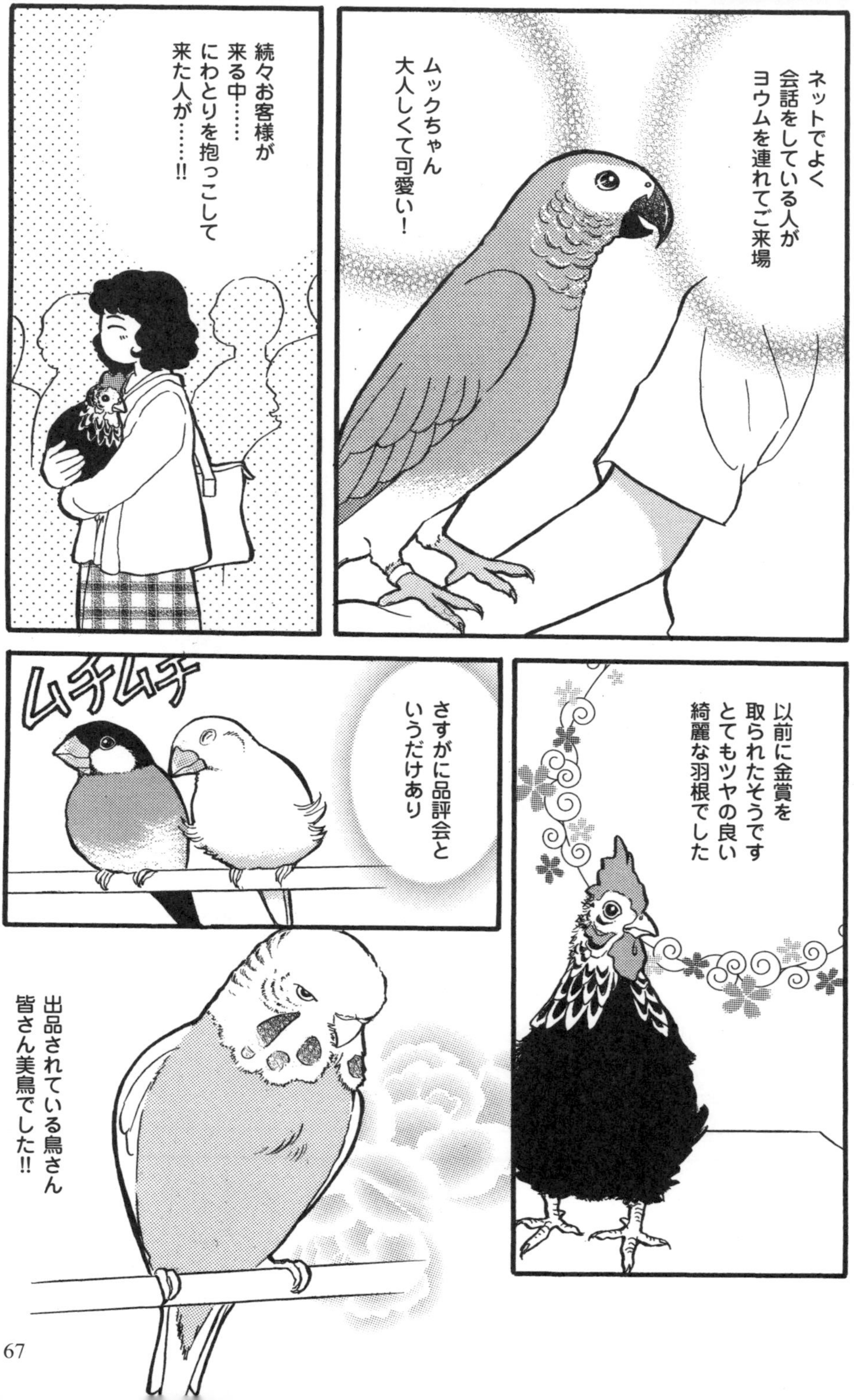
ネットでよく会話をしている人がヨウムを連れてご来場
ムックちゃん大人しくて可愛い！
続々お客様が来る中……にわとりを抱っこして来た人が……!!
以前に金賞を取られたそうですとてもツヤの良い綺麗な羽根でした
ムチムチ
さすがに品評会というだけあり
出品されている鳥さん皆さん美鳥でした!!

私も投票用紙に書き込もうと思った時
サイン いいですか？
事前にツイッター等で「小鳥まつりに行きます」と情報を出していたので
わー嬉しい♪
読み込んでるかんじがする
私の本を持参して下さった方が数名！
ありがたや～とサインしながら投票用紙も提出
早く出して！
はーい
みんな可愛くて悩みました
各部門で受賞された鳥さん&飼い主サマおめでとうございます
みんなみんなステキな鳥さんでした！
終了後は仲間ウチでお茶会……
鳥談義に花が咲きましたー

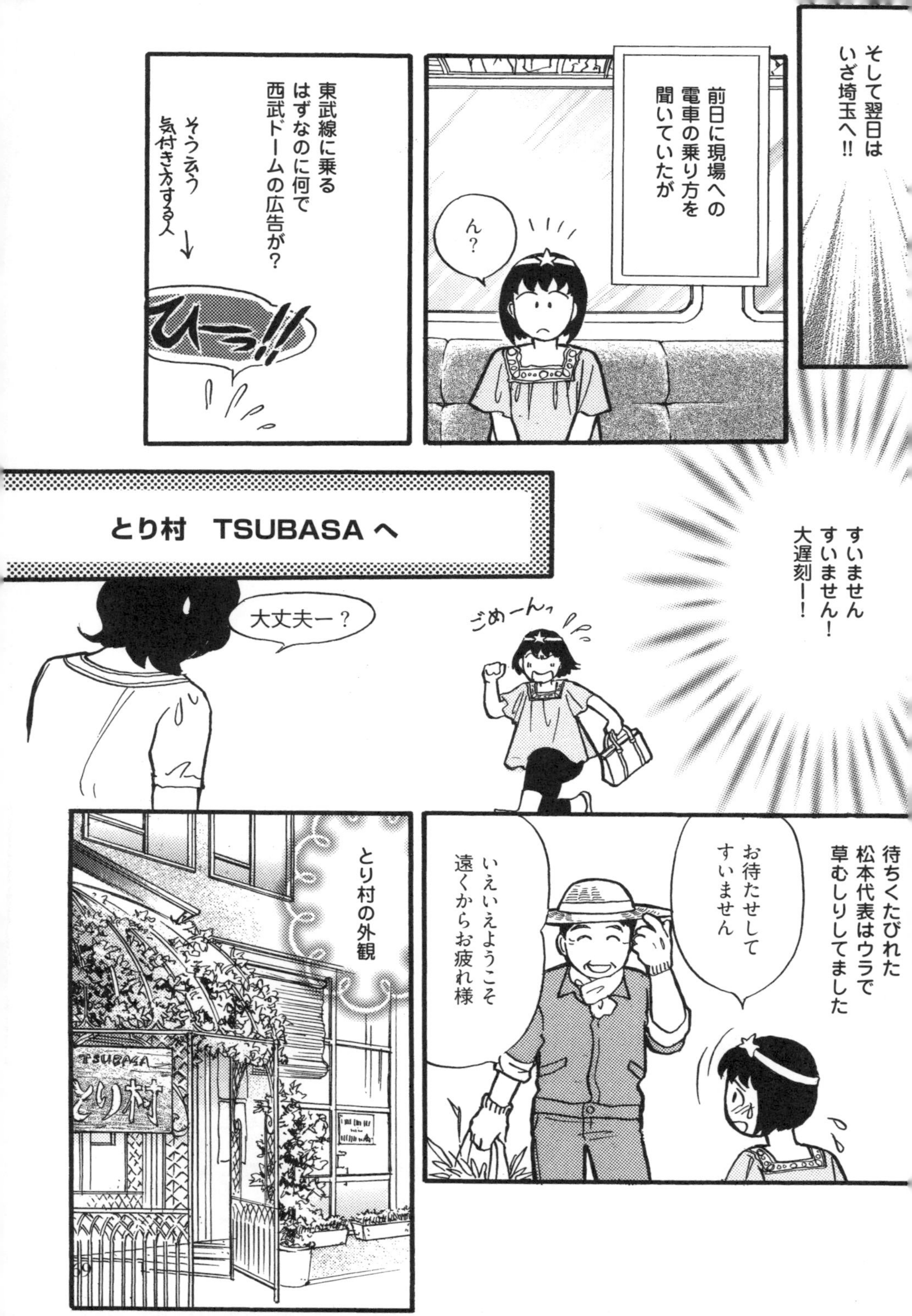

そして翌日は
いざ埼玉へ!!
前日に現場への電車の乗り方を聞いていたが
ん?
東武線に乗るはずなのに何で西武ドームの広告が?
ひーっ!!
そう云う気付き方する人
とり村 TSUBASA へ
すいません
すいません!
大遅刻ー!
ごめーんっ
大丈夫ー?
待ちくたびれた松本代表はウラで草むしりしてました
お待たせしてすいません
いえいえようこそ遠くからお疲れ様
とり村の外観
とり村

鳥4コマを描いているよしだです
まずは松本代表と名刺交換をして
あーウチのスタッフが読んでいましたよ
その場で本にサインを描いていると隣でウチの社長とビジネスのお話し
次の企画についてですが
そこへジャンボセキセイ飼いのさんちゃんも登場
こんにちはー
もちろんマンガに登場してくれた星王子夫妻も一緒！
ヨメのむーたん
どてんっ
ウチのジャンボと違って星王子は軽やかに飛びます♪
王子ー!!

それじゃ二階も見てみますか
はーい
と促されて二階に行くと
そこはイッツ・ア・バードワールド!!
最初に目が合ったのがこの子!
ズグロシロハラー

私の肩に
すっ飛んで来て
服をガブガブ
穴をあけ
られた
いいのよ♪
ガブガブ
ワカケーずに
コンゴウず
白色大型の
本気鳴きに
耳がキーン!!
床には
コバちゃん
といいながら
トコトコ歩いている
コバタン
ペタペタペタ
オキナやら
クルマサカやら
ぷり..

鳥好きなら
一回行ってみて
下さい
クラクラ
するよーっ
もちろんセキセイやオカメ等
普通サイズの子達も
たくさんいます
本当はもっと
突っ込んだ取材で
スタッフさんから
苦労話とか
聞こうと思ったんだけど
モモイロー
ひたすら鳥を見て
喜んでるだけの
ダメっぷりでした
唯一聞けた話が
外のケージにいた
レオンちゃん
かまって光線
発信中
問題行動（咬む）で
こちらに引き取られて
来たそうです
大中型の子を
お迎えする時は
飼い主のお勉強が
必須だと実感します

とり村　http://www.torimura.jp/
〒352-0005
埼玉県新座市中野2-2-22
東武東上線「柳瀬川」駅　徒歩20分

ペットショップに
餌を買いに行って
アイちゃんのシード
いつもの様に
鳥たちを視察に行く
買わないけど
一応見る鳥派
ヒナ入ってるかな？
ーとそこに
ヤツが居たっっつ!!
ワタワタ参上！
何コレ？
ホコリ？
カビだな……
ひどーいっ!!
すっごい勢いで
人に寄ってくる
ヒナでした
うしろ髪を
引かれながら
餌だけ買って
帰宅
あれはホコリだ
ホコリ…

家に帰っても
ホコリ《ピカ》の事が
頭から離れず
ホコリ
ホコリ
旦那は忘れた
ようだったが
一晩考えて
本当は
ボッタンが欲しい…
うーん
うーん
翌日旦那は
調子が悪くて
寝込んでいて
車《アシ》がなかった
ばくぜん
明日行っても
もういないかも
しれない
これはきっと
啓示なんだ
今日行って
いなかったら
縁がなかったと
諦める！
と勝手に
思い込み
ホコリの元へ
地下鉄とタクシーを
使って辿り着き
そういや
一人で来るの
初めてだ…
いそいそと
鳥のコーナーへ
あ……

感動の再会！（?）
残ってた！
あそんでくれる？
ぴゃっ
ぴゃっ
可愛いなー
わたわたしてる
この子お願いします
はい
家に戻って旦那の様子を見に行く
具合どう？
んー
大分良い
見て♪

この声にアイちゃんが反応する

とにかく良く食べる子で安心でした
げぷっ
そのうぱんぱん
もうやめた方がいいんじゃない？
名前どうしよう？
んー
ワタワタ
これしか思い浮かびませんでした
本名「わた助」愛称「わたわた」で落ち着きました
ワター♪
ぴぃ♪
このコザヒナの羽がわたわたな状態はあっという間に終わってしまうという事で
写真撮りまくり
パシャ
パシャ
エビ尻尾の写真もたくさん撮ったー！

子育ても順調と思っていたある朝
わたーっ今日もご飯美味しいねー
ばくばく
むぐむぐ
……
ぺっぺっ
わっ
一気に食べ過ぎた？朝はこの辺にしておこうか？
この時は食べ過ぎと思っていた……
え～もう終り？
はいまたあとでね
4時間後
そろそろご飯にしようか
びゃっ
はーい おいちーねー♪
ぴゃっ

ペッ
ペッ
えっ!?
出した物の中に今食べた餌とは違う色がある
明らかに「吐いてる」!!
でもわた助は元気でもっとご飯を欲しがる
ごはん
ごはーん
すぐクリニックへ電話を入れて予約を取る
ヒナが吐いています
かなり動揺
またもや地下鉄とタクシーでクリニックへ急ぐ
ペットボトルにお湯を入れて湯タンポ
初めてのカゴ移動でも全く平気そうなわた
どこ行くの?
まずウンチ検査
ウンチはきれいですよ

そのう検査
おげー
おげー
あっ
菌が多いです
フォーミュラーだけで
育つ子には
よくあります
うえ〜……
お薬飲んだら
治りますので
頑張りましょう
はいっ
頑張ります
以前セキセイを
メガバクで落とした
事があったので
ちょっと不安でしたが
薬で治るなら
嫌がられても
投薬するぞー
さあっ
お薬だよー
たたかいの
はじまりよーっ
わーい何？
おいしいの
ごく
ごく
あら……
今日食べたの
吐いちゃってお腹
空いてたんだよね
おかわりー
味なんて
どーでもいいのか

とにかく「食べたい」意識の強い子で
がつ
吐いても吐いても食べてくれました
がつ
お薬飲み始めて3日目には吐かなくなり
おお~
もぐもぐ
吐いたら もったいない でちからね
一週間後再びクリニックへ
そのうの菌はなくなって来ていますね
あっ
どうしたんですか?
今度は便にカビが……
ガーン
お薬増えました
ワタワタもだんだん味の違いが分かる様になって来て
薬の拒否が始まる
飲め~~
何かイヤなのだ
むぐぐ

一週間後・再診
ふむ ふむ
ドキドキ
菌もカビも なくなっています 良かったです!
えっへん
やったー!!
コザクラのヒナの ワタワタな羽が 可愛いですよね
はいっ かわいいんです
ワタワタは元気になり 少々飛べるようになると
ワター
呼ぶと
ぽん ぽん
ここ おいでー
ちゃんと飛んで来てはガブる
ぴぴー
ガブ
いてて
とても懐いている(?)コザクラになりました

まだプラケースでの
ヒナ時代
ねんねだよー
ぴゃ
夜はタオルをかけて
おやすみ
夜中に突然
ぴぎゃー
ぎゅうおーっ
な……何!?
何かあったのかと
タオルを取って
覗いた瞬間
すっごい怒って
ガブって来た
いたたー!!
がぶーっ
不審者!!
またタオルを
かけると
ぴぎーっ
ぷぎーっ
こ…この音量で
寝言…?
飛ぶようになって
ご飯も大人餌に
切り替わったので
始めはすっごく
嫌がって
出せーっ
出せー
ばた
ばた
ガタ
暴れまくって
プンスカ怒りながら
テントに入って
ぎーっ
プリプリ
寝た……
ぐー

家で映画とか
観てる時に
あっ鳥だ！
ヨウムだねー
もう一羽
キバタンだ
鳥が出てるのは
嬉しいが
で、犯人どこに
逃げたんだっけ？
うーん
？
内容が
わからなくなる
車で遠出を
している時
支柱にカラスとか
止まってたりする
ある日……
びゅん――
今のトンビじゃ
ないよね？
大きかったな
ワシー?!
ワシだー♪
大はしゃぎする
夫婦（笑）

ウチには今
文鳥が3羽います
佑
ケーンケーン
翔
それでも
旦那が……
文鳥が
足りないっ!!
旦那の野望は
家の中で文鳥の
群を飛ばす事
ひゅーん
ハワイ
みたいだー
お迎えPART2
ーという事で
行きつけのショップに
来ました
びゃー
びゃー
おーっ!
いるいる♪

オス♂だらけ
ウチはこんなに鳥がいるんですが今まで巣引きをした事がありません
2014年の夢
巣引きしたーい!!
大体はオスがへたれで
ちよちよ~
無精卵の山
現在血気盛んな文鳥男子が2羽いるので
狙いは「女子!」
細いクチバシ
小さい目
この時いたのがシルバー・白・パイド
びゎー
パイドいいねパイド♪
しかし……見るからに「男子顔」
オスだな……

その中にいた薄汚れた白文鳥
踏んづけられてた…
細いくちばしにしょぼしょぼの目全体的に小さい
この子はメスだと思いますよ
ですよねー
びー
と談義していたら
こいつも連れて帰ろうよ
なぜかセキセイを手にしてる人……
ぴよぴよ
えぇーっ⁉
文鳥2羽じゃなかったの？
セキセイの群も作りたいの？
こうして初めて文鳥とインコを同時に挿し餌する事になりました
ちょっと不安
プラケース別ですよ

ショップでは
ワタと同じく
フォーミュラーだけで
餌を貰っていた
がつ
がつ
インコは
問題ないね
文鳥は「育ての親」で
吸い取ろうと
したけども
カシッ
あれ~全然
吸いこまない
いつもは粟玉を
入れているので
カシッ
カシッ
粟玉を上から
挿す感じで
入れた
ごは～ん
ちょっとしか
入らないね
不満
これだけ？
だよねー
そーだっ。翔達を
もらった時に友達から
シリンジも貰ったっけ!!
はっ
誘拐時の
小さい時に
使ってた
あちこち
掘り起こして
あったーっ!!

先の尖った部分を
カットして
ちょきん
ちゅー
おおーっ
吸い込む!
そして口へ
突っ込む!!
ずぽぉ
ごっくん!!
やったーっ♪
もっとーっ
これで安心して
子育てできる
びゃー
でもいちいち
餌皿を洗うので
時間がかかるー
名前は
ハルときゅんに
決定!
よろしくね!
続きは４コマで

暴れん坊ぼったん

よしだ☆かおる

セキセイインコ　マックス　♂　12才

我が家の主だった
セキセイのマックス
2003年にお迎え
くりくりおメメ
ぷりぷりオケツ♡
立派なセキセイ男子になると
目・ちっちゃいねーっつ
とからかうと
強烈な一撃をくらわせられる
いたーいっ
ヒナから育てたのでベタ慣れを期待していたけど
おいで
無視
・・・・
はい

手には
乗らなかったけど
人間の事は
好きでした
台所まで飛んで行って
旦那のお茶を
飲むのが大好き
おいしい？
そして独身では
寂しいだろうと思って
お嫁さんも迎えた
シンディ♡
かなりきつい
ヨメで……
いつも怒られてた
ギャ
ギャ
シンディはひたすら
玉子を産んで
いたけど
すべて
無精卵！
しっかりしろ
マックス!!

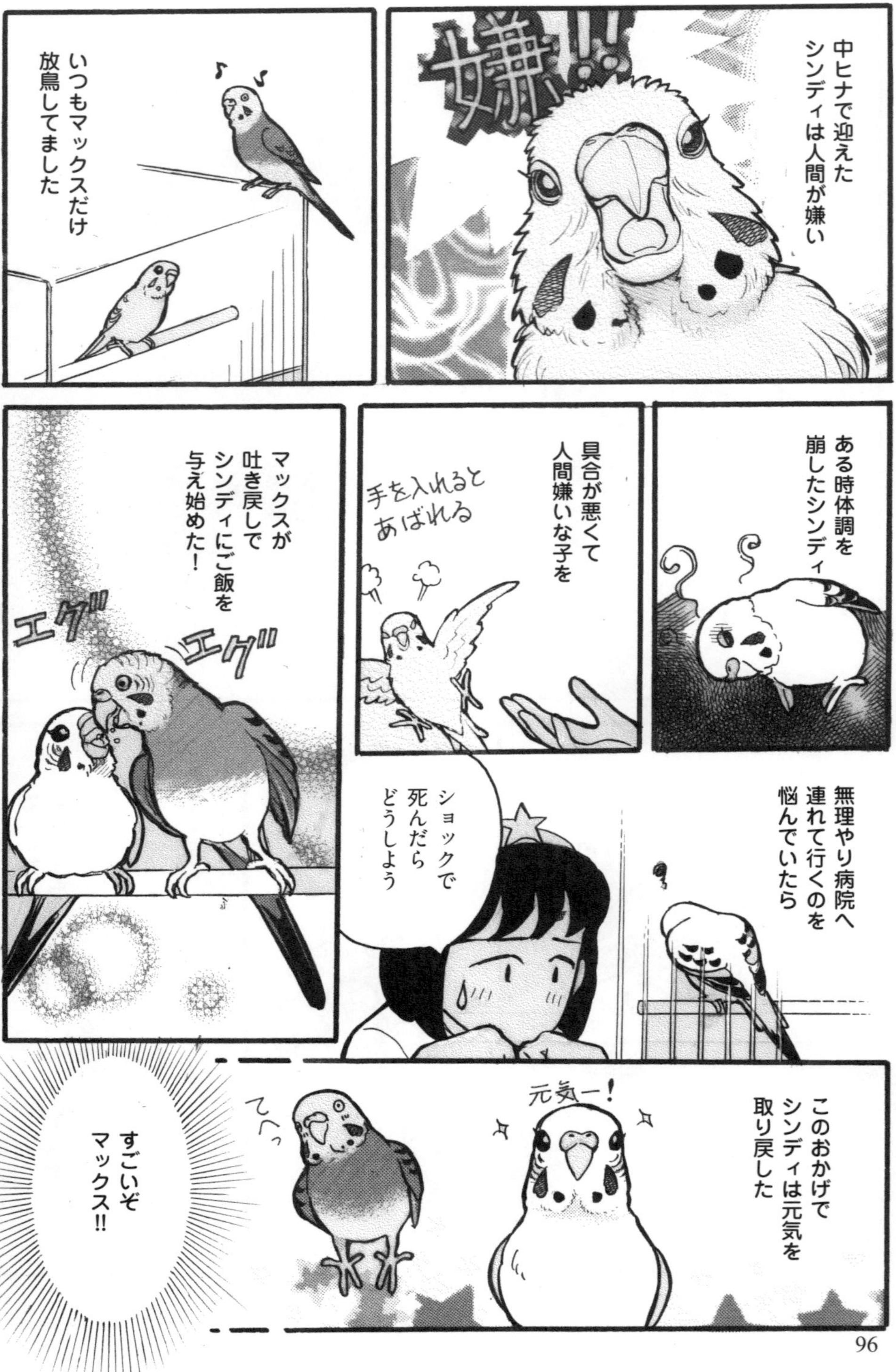
中ヒナで迎えた
シンディは人間が嫌い
嫌!!
いつもマックスだけ
放鳥してました
ある時体調を
崩したシンディ
具合が悪くて
人間嫌いな子を
手を入れると
あばれる
マックスが
吐き戻しで
シンディにご飯を
与え始めた!
エグ
エグ
無理やり病院へ
連れて行くのを
悩んでいたら
ショックで
死んだら
どうしよう
このおかげで
シンディは元気を
取り戻した
元気ー!
てくっ
すごいぞ
マックス!!

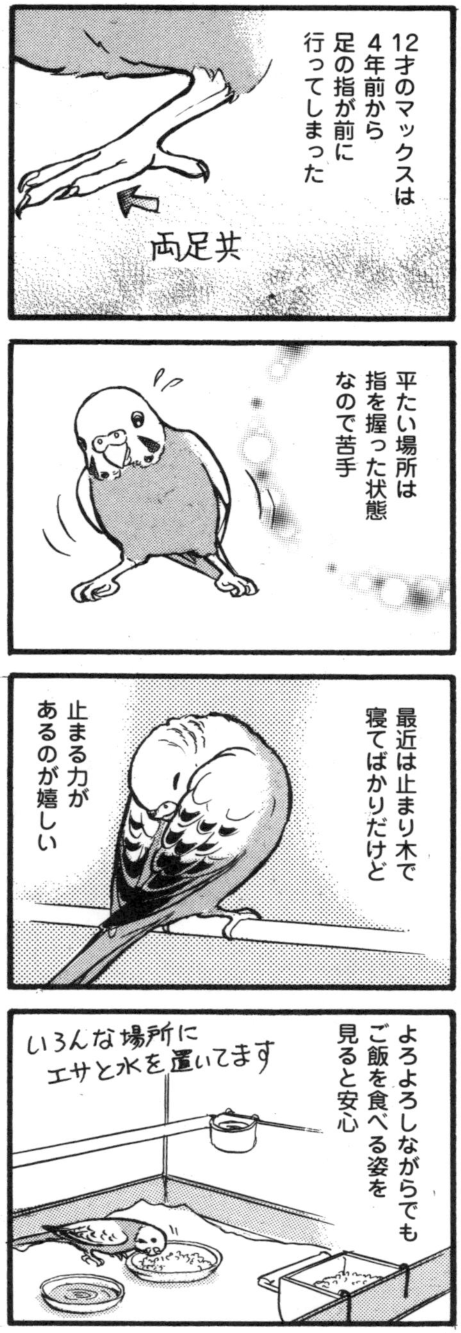
12才のマックスは
4年前から
足の指が前に
行ってしまった
両足共
平たい場所は
指を握った状態
なので苦手
最近は止まり木で
寝てばかりだけど
止まる力が
あるのが嬉しい
よろよろしながらでも
ご飯を食べる姿を
見ると安心
いろんな場所に
エサと水を置いてます

あれ？
とんっ
足が痛くないよ！
それに気持ち良く飛べるーっ!!
あっ!?

みんなー
ここにいたの？
あーっ
マックスだっ
久しぶり
マックスちょっと
うしろ見て
えっ？
あ
おかーちゃん

おかーちゃん
この家は仲間が
いっぱい居て
楽しかったよ
だから
哀しまないで

いつかまた
この家に戻って
来るから
待ってて

ワタを放鳥
している時に
わーい
本を読んだり
いたーい!!
ガブ
リモコンを
触ったりすると
がぶっ
怒られます
いてー
ワタ様が出ている時は
ワタ様に注目して
いないと
ダメらしいです
夕食後の放鳥タイム
嘉男を居間に
連れて行くと
ぐえ
叫ぶし
ジャンプして
ぎゃぎゃ
おだちまくり
仕事部屋では
（テリトリー内）
非常に大人しく
遊んでます
この差は
何なのでしょう？

＊おだつ＝調子にのる

お迎え

旦那と買い物中に
プルルル
はい分かりました すぐ戻ります
すぐ帰ろう ブツが届くって
えっ何?
ぴよぴよが届くの♪
はぁ?
こんにちはー ようこそ よしだ家へ
内緒にしていた ↓
どうしていつも コザはサプライズ なんだーっ?

アメちゃんは
札幌で鳥を
たくさん飼っている
さんまザウルスさん宅で
産まれました
きっかけはさんまさんの
ブログで
前回産まれた子の
写真を見て
丁度ワタさんの
おムコさんを
探していたのもあって
実は友人のコザ男子と
カップリングさせて
もらおうと思ってた
よきにはからえ
性別も分からないけど
何かこの子に魅かれ
とっても
可愛いですね
すぐ返信があって
先生になら
ぜひぜひ♪
ーっという事で
あっという間に
話が決まりました
ぴよっ
わーニンゲン
大好きなんだ
ぴー♪

さて大事な名前ですね
ワタのパートナーとしてお迎えしたので
なにー？
ワタ・ワタ菓子
カシちゃんはいいづらいかなー
ワタ飴……
アメちゃん
アメちゃん
何度もいいますがウチの命名はいつもこんな感じです（直感ともいう）
アメちゃんが来たばかりだったけど丁度名古屋のイベントがあって
ごめんね行ってきます
えーっ？
4日も留守にしていると……
帰って来た時は
アメちゃんかわいー♪
すっかり旦那になついていたーっ

私がカキカキすると
場所が違うと
文句をいうが
ウットリ
旦那の大きくて
あったかい手の中で
とろけてる……
これはヤバイ!!
あんた だれ？
旦那が仕事で
いない昼間に
せっせとお世話
ごはんよー
なでる？
そしてアメちゃん
飛ぶようになり
ばっっ
ヘロヘロ～!
おかーちゃんに
着地!!
イエッス!!
ちっ
まってた

健康診断に行って花丸をもらったので早速ワタさんとご対面……
どこいくの？
倍くらいでかい
ギー
ひーっ
まあ気長に行きましょ
誰だーおめーは!?
こわいおねーちゃんですね
こんなカワイイ子と巡り合わせてくれたさんまザウルスさんへ感謝をこめて♪
えへっ
続きは4コマで(笑)

夢のカバン

先日かおるさんが夢に出て来ましたよ！
えー？どんな夢？
とっても楽しい夢でした
久しぶりに会ったかおるさんは大きなカバンを持っていたので
そのカバン何が入っているんですか？
あ、これ？
見るー？
？
何だろう…

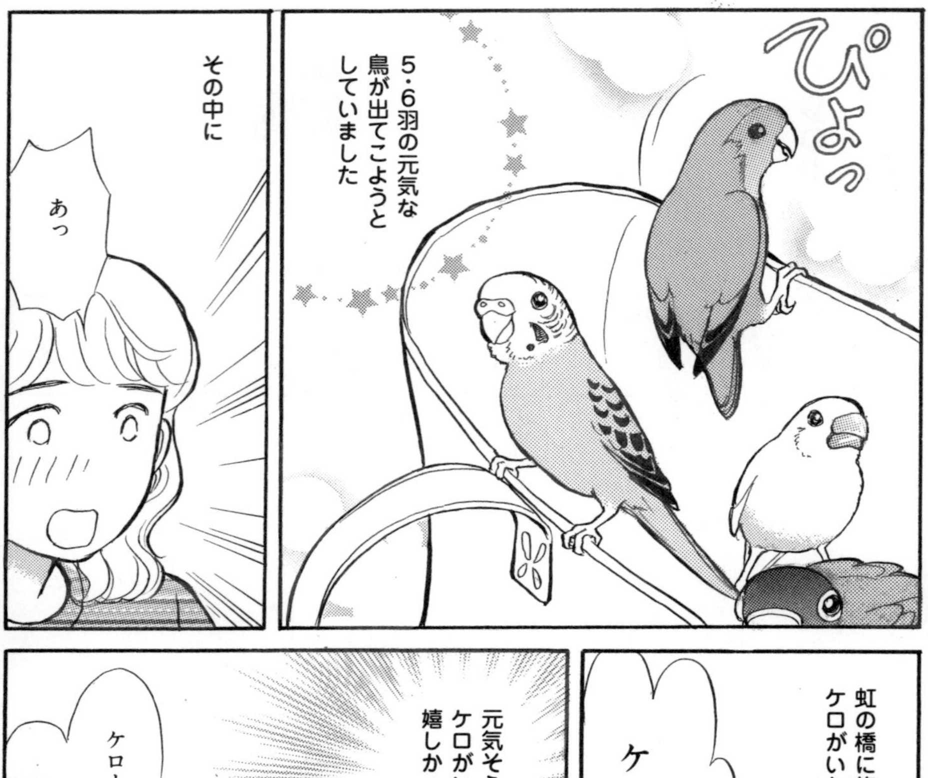
ぴよっ
5・6羽の元気な
鳥が出てこようと
していました
その中に
あっ
虹の橋に旅立った
ケロがいた
ケローっ!!
あい〜ん
元気そうな
ケロがいて凄く
嬉しかった!
ケロー
元気してたー
ガブッ

他にも旅立った子が何羽もいて
虹の橋って漠然と遠いイメージがあったのに
意外と虹の橋は近い所にあるなーって思っちゃいました
帰るよー
さすがかおるさん不思議アイテムを持っていると思いました
へぇー本当にそんなカバンあるといいね

ワタを旦那の
手に乗せてから
びっ
ワター♪
物を取りに
ワタの視界から
見えない所へ
行くと
ちょっとあたちをおいてどこいくのよ
ぴゃっ
ぴゃっ
人間語じゃ
なかったけど
凄く伝わった(笑)
ごめーん
プリ
プリ
ワタのケージを
お掃除
いったんワタには
出てもらう
あそんでてー
敷紙をゴミ袋に
捨てると
ザ
何?
ぴゃっ
あたちの紙を
すてないで
と……
抗議されます

5巻でご紹介した
鳥たらしな
アメちゃん
毎日、各ケージへ挨拶に回ってる
ぴょ
ぴっ
ある夜……
ぎゃっ
?
アイちゃんに咬まれる!!
きゃーー
だらだら
何か慌てて私の方に飛んで来た
ばばば
どうした？ケンカしたの
ぽた。

口から血が溢れて
飼い主またもや
プチパニック
オロオロ
ど、どこ
咬まれた!?
舌を咬まれたと
思ってティッシュで
拭いて傷口を探す
どこ?
どこ?
やっと
見つけた!!
舌まで傷ついて
なさそうだったので
しばし様子を見る
しかしここは
どう止血すれば……
消毒綿で
傷を拭こうと
思ったけど
血液で固まって
ふさがる方が
良いと思い止める
アイちゃんは
遊んだつもり
だったけど
小型には
ケガになる
うん
ちゃんと見て
なくてごめん

出血は収まってきて
お水も飲んでいる
アメちゃんも疲れたのでしょう
眠そうなので
今夜は体力温存してもらおう
明日一番で病院行こうね
翌日いつも行っているクリニックは予約でいっぱいなので
円山にある病院を紹介してもらいました
傷口を見た先生第一声
あ！ これは痛かったでしょうね
何も食べてませんね
はい
血液を結構飲んだのでウ○チも真っ黒
体重42g
42.9
まず痛み止めの注射と強制給餌をします
体力が落ちているので点滴もしますね
お願いします
おかーさん
アメちゃんは治療室へ連れて行かれ
あれ〜!?
はあ…

待合室で
待機していると
犬がいる…
ぎゃっ
ぎゃっ
ぎゃ〜〜
アメちゃんの
泣き声が……
普段は無口で
鳴かない子なので
辛かった
飼い主の不注意で
痛い思いを
させていると思うと
そしてそれから
問題になるのが
食事!
しばらく固いものは
食べられませんので
パウダーフードを溶かして
与えてください
大人の小桜は
殆どの子が
嫌がって食べないので
その場合は
入院になります
えーっ?!
いたかったの〜
もしかして
入院になるかもと
思いながら
帰ってきました
地下鉄でも
ひと声も鳴かない
家に着いて
少し落ち着かせて

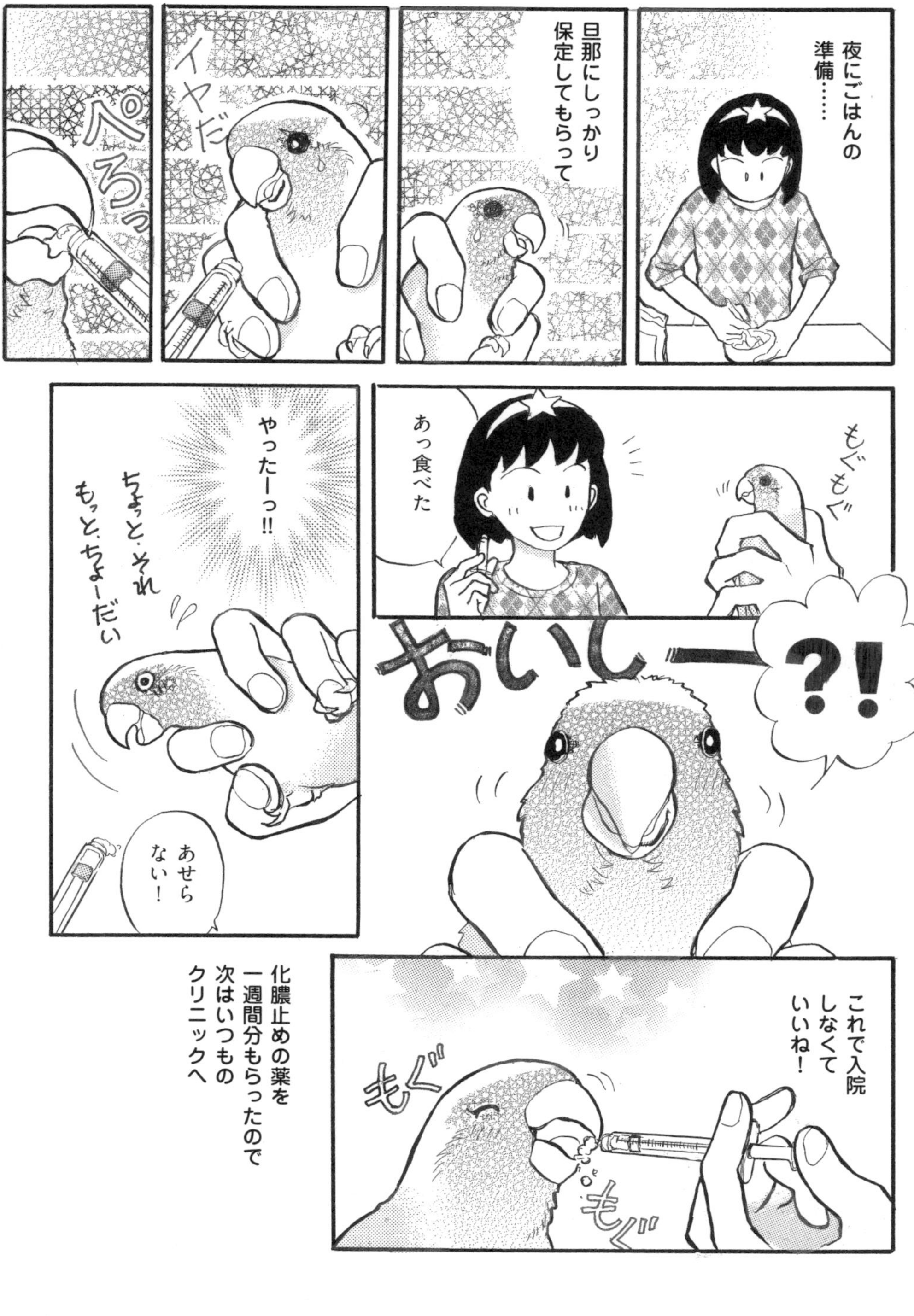
夜にごはんの準備……
旦那にしっかり保定してもらって
イヤだ
ぺろっ
もぐもぐ
あっ食べた
おいしー?!
やったーっ!!
ちょっと、それ もっと、ちょーだい
あせらない!
これで入院しなくていいね!
もぐ
もぐ
化膿止めの薬を一週間分もらったので次はいつものクリニックへ

あーっ これはパックリ やられましたね
はい
N先生にも いわれました
ウ○チもそのうも 問題ないですよ 傷は1～2ヶ月で 治ります
なで
なで
ヨウムさんの 下アゴの形が くっきり残って ますねー
資料として 写真撮っても いいですか？
あっ どーぞどーぞ
ねえちょっと この子持ってくれる？
ここ見える ようにね
はい
スハー
さすが K看護師！
吸えとは 言ってない

また1週間
化膿止めの薬を
もらったので
♡ごはーん
美味しいごはんの
後に冷蔵庫から
薬を出すと
はっ
あれは
苦いヤツ……
薬は飲みたくないと
必死で顔を隠す
どこかで見た
ネタです（笑）
イヤ
一週間後には
固いご飯も食べ
られるようになりました
これからは放鳥時
目を離さず
気をつけます
おさわがせ
しました

ワタさんが
我が家に来てから
ずっとお玉との
戦いが続いて来ました
個人的な考えですが
鳥の「産みたい」は
自然な事と
思っていました
産むったら
産むのだ!!
産ませない努力も
しましたが
ケージ移動
キー
ギ
そしてある日
あ、お尻膨らんでる
また産んじゃう？
ワタさんの
「産みたい」気持ちが
勝っていて
あーまた
産んで
てへ♡♡
いつもだと
翌日には
産まれていたけど
あれ……？
出てないな……

いつもより
辛そうな様子
う〜ん
しばらくケージに
張り付いて観察
時おりふんばってる
感じがある
う〜…
お尻を見ると
!?
白いお玉が
見える!
そして、じわっと
出血が……

詰まってる!!
ダメっす・・・
飼い主またもや
ぱにっく
即・クリニックへ電話を入れて飛んで行きました
たっ……たたまご詰まりです
落ち着け自分!!
はやくびょーいん
わたさん具合悪いのでされるがまま
むずっ
事情を伝えていたのですぐ預かってくれました
分かりました
しばらくして診察室に呼ばれ
性別判明前の名前
吉田ワタ助ちゃーん
玉子は無事に出ました
スタッフさんの処置が良かったそうです
ころん

但し、体への負担が大きくて少し入院が必要になります
でたよー
入院!?
入院に関する説明をしばし受けました
一日一回電話で様子を聞いて下さい
はい
そしてお玉を産ませない為のアドバイスを頂き
お玉はダメ!
考えを変えた
3日後元気に退院できたワタさん
やっとお家だわ♡
とにもかくにも食事制限!!
最初の試練

1日4gのペレット
1回分はこんな感じ
これを出した時のワタさんの顔
はっっ?
あっという間に食べ尽くし私を見る
ちょっとこれだけ?
心をオニにして
あんたの為だからね
数日するとこの量に慣れてカスまで舐めとっています
ペロペロ
元気になってよかったよかった……
ごはーん!!

イベントが終わって家に帰ると×××

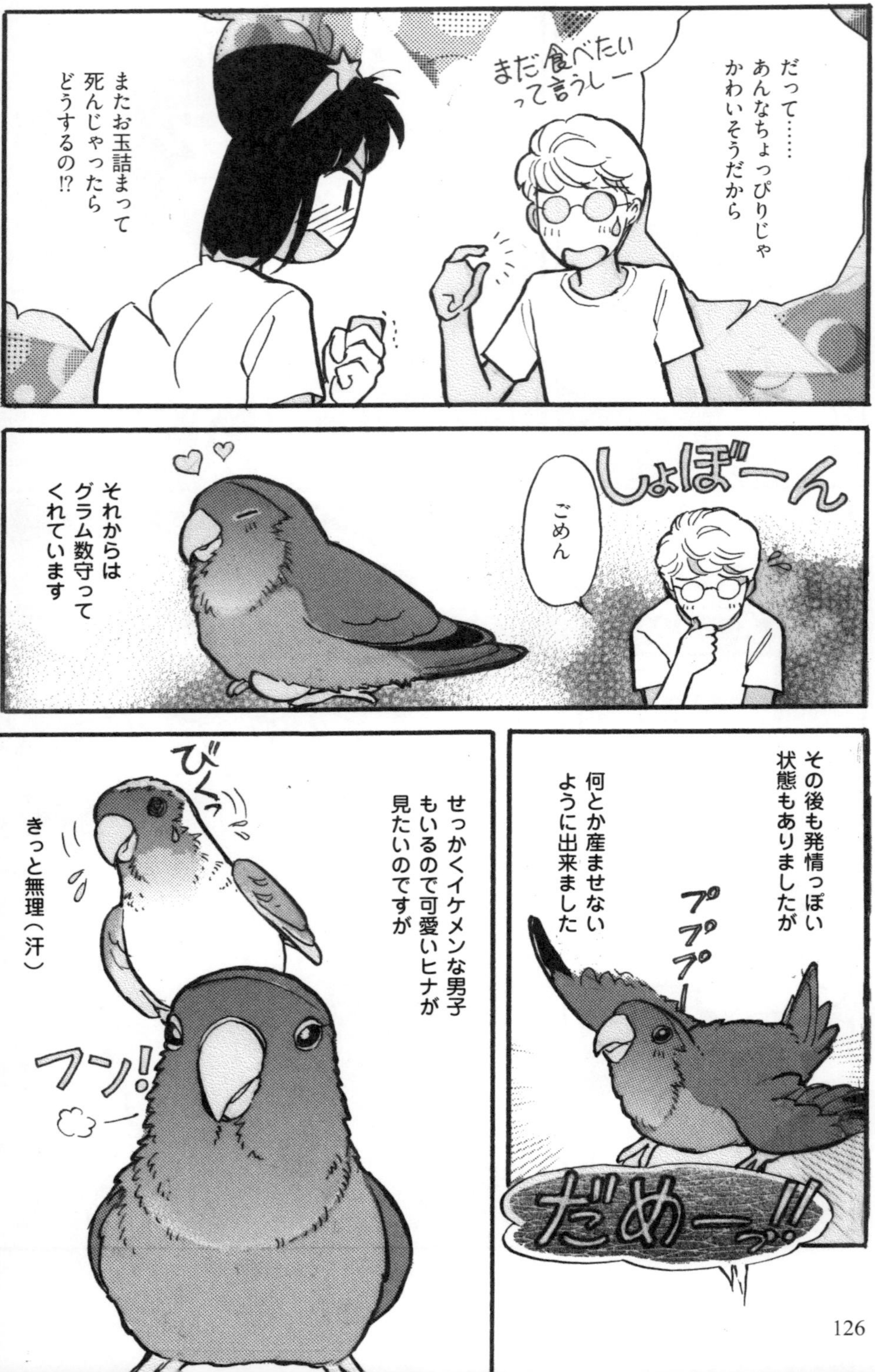
だって……あんなちょっぴりじゃかわいそうだから
まだ食べたいって言うしー
またお玉詰まって死んじゃったらどうするの!?
しょぼーん
ごめん
それからはグラム数守ってくれています
その後も発情っぽい状態もありましたが
何とか産ませないように出来ました
プププー
だめーっ!!
せっかくイケメンな男子もいるので可愛いヒナが見たいのですが
びくっ
きっと無理(汗)
フンッ!

JAL CARGO
日本航空
15
2月20日
新千歳貨物
受け渡し所にて
関東のお友達から「荷物」を受け取った
吉田様ですね
生体ですので中を確認させて下さい
はい
ぱりっっ。
天ー

こんにちはー
うわー大きいね♡
よく来たねー
確認できましたね
はい
それではここにサインを
こういう風に貨物で受け取れるんだね
1回やれたらこれからも受け取れるな
。。。
マジか!?
そしてやっと我が家に到着。
はい到着!

初めて見る
ウチの景色に
トサカ立ち放し
名前は決めてる？
タカぽん
本当に使うの？
実は元親さんの名前が「タカやん」さん
タイガー♡
タカぴょんの方が呼び易くない？
ん！
じゃタカぴょんでいいよ
命名「タカぴょん」

タカぴょんはSNSで卵から孵る状態から見ていました
うわー生まれた♪
大きくなってるー
毛玉の時から毎日毎日大きくなる様子を楽しみにしていました
早い段階でウチに来る事が決まっていたので
遠隔子育てしている気持ち♡
タカぴょんと一緒に生まれてからウチに来るまでの様子を写真と記録でアルバムにしてくれていました
宝物です!!
大人しいね
ちょっと出してみようか
プラケースを開けてみる

しばらく
ぼーっと部屋の
中を眺めてた
その時
他の鳥が
バタバタ
びっくりした
タカぴょん
びくっ
飛んだーっ!!
びゅんっっ
ひゃーっ!!
挿餌終わってから
ウチに来ました
ばおーんっ

オカメの飛ぶスピードってこんなに速いとはっ
だ、大丈夫？
ずず…
タカぴょん鼻血だらー
うわっ
ここも傷
首とか痛めていないかプラケに戻して様子を見る
ご飯食べてまったりしてるので大丈夫そう
これは慣れるまで外に出さないのもかわいそうなので
話し合いの結果
？

やむなく
クリッピング
ばばば
そうすると
ぽて。。
あっ
飛べない
カキカキも
仕方なく
私達の手に
乗る様になり
今じゃすっかり
べた慣れオカメに
なりました
これから
鳥4コマを
賑わしますよー

実家は建築業
だったので
たくさんの材木が
ありました
すぐ近くから
木をたたく音が……
コンコン
コンコン
あー
キツツキだ
そこから虫は
出てこないよ（笑）
ココココココ
あとで大工さんに
追い払われてました
こらーっ!!
ぴゅーっ
30年前はまだ
近くの山でカッコーが
鳴いていた
カッコー
カッコー
カッコー
す・すごい
近い？
家の前の電線で
絶叫するカッコーを
初めて見た
カッコー
カッコー
ちなみに庭には
キジのペアが
よく来てた……
一応札幌市内です

タカぴょんの
放鳥時間
おぃでー
ガタッ
入り口開けて
待っても
なかなか
出て来ない
入り口から
見える様に
すると
開いてるよー
なんだー
開いてたの
ウキ
ウキ
いそいそと
出てくる
旦那にくっついて
まったりしてる
アイちゃん
でももう
寝る時間なので
おやすみー
他のケージに
カーテンをかけ始める
えっ
寝る時間?
ソワ
ソワ
落ち着かない
みんなと一緒に
寝たいらしい
ばいばーい

嘉男は布物にコーフンする
うおっ
うおっ
※くつ下
髪の毛も大好き
ぐえ～
ぴゅぴゅーん
ぴゅぴ
いつも首元で何やら大コーフンしている
あったかい……
あと二羽いれば完ペキなえりまき鳥
夏はイヤだけど
ぐえ～
さっきケージに入れたはずの嘉男
あそんでる
あれ？
閉め忘れたかな？
ちぇー
五分後
ぐえ～
あーっ！
嘉男はケージ抜けの技を覚えた
パラッパラ～♪
なすカンだな

シロハラ会・開催
北海道の東端から
シロハラ飼いさんが
札幌に来る事になり
ろしあ
ここ
もうひと家族と
嘉男の3羽で
ややぴんく色の鳥も
混ざっていましたが（笑）
ぴよ
嘉男は自分から
ケンカを仕掛けたり
しない子ですが
移動の車の中で
絶叫していたので
やや不安。
じえん〜

最初はお互いに見える位置にケージをおいて存在を確認させておく
らおう
ポッケ
よしお
そしてー
ご対面ー！
ぐえ〜〜。。
何とあっという間にハミハミ♡
おおーっっ!!
はみ
はみ
ポッケちゃんとは1回会ってるし
ぺろぺろ
らおうは実は同じブリーダーさんの子なので
弟なんです！

ひとしきり天国のような時間を過ごし
みんなで写真を撮りまくってました
撮影も大分落ち着いたと思っていたが
カシャ
カシャ
らおうのカメラマンのシャッター音は止まらなかった!
カシャッ
ぴんく色のシロハラインコも大人気でした
道内にもシロハラ飼いさんが増えましたので
いつか大シロハラ会やりたいですね!!

Tropical GEM
トロピカル・ジェム

トロピカル・ジェム　狸小路ジャンゴー店
https://www.facebook.com/trogemtanuki/
@trogemtanuki
中央区南２条西４丁目６番地
北海道 札幌市
011-242-2022
営業時間
11:00 ～ 21:00

我が家に鳥がいっぱいいますが
よその鳥も大好きです
SNSで流れてくる可愛い鳥さん
大空を飛ぶ野鳥も好き！
TVに鳥が映ったりすると
もっとそこの鳥映してー
きゃーッア
そして、今ハマッているのが
こんにちはー
某いきもの係超楽しかった♡

ミヤマオウム
この子は
トロピカルジャム
ジャンゴーの看板鳥!
Tropical
トロピカル・ジェム
初めて会った時
まず、このクチバシの
長さにびっくり!
うおー
こんにちはー
ヒマワリを
あげてみると
食べれるの
かな?

顔を斜めにして
上手に受け取って
食べます
すごい
器用だねー
ぽり
ぽり
ぽり
店員さんに
お願いすると
ケージから出して
もらえます
♡
クチバシをなでると
長い舌でレロレロ
して来る♡
ペロ
ペロ
ナデナデ要求とか
ヒザに乗って来たり
アクティブで
とても
フレンドリー!!
慣れているのは
ジェムちゃんで
トロくんは
まだちょっと人が
怖いようなので
気を付けて
ふれ合って
ください

ミヤマオウム
ニュージーランド
南島の山岳地帯に
生息する固有種にて
絶滅危惧種
全身は濃い
オリーブ色で
長いクチバシが特徴
とても頭の良い鳥で
何度も脱走している
らしいです（笑）
ケア〜
ジャンゴーには
他にもふれ合える
鳥さんがいます
モモイロインコを
もふっていると
かわいー
……
ガブガブガブ
カキカキ

キバタンも
カキカキ
あ〜♡
ガガガガガ
ちょっと痛いんですけど!!
ジェムちゃんに足を狙われる
がぶぅっ
それは自分を構えという合図なんですー
ジェムちゃん女王様でした
最初は甘噛みで遊んでいるけど
かぷ
遊んでいる内にコーフンして噛みが強くなって来るので
うひょ
そんな時は一旦戻って頂きましょう（笑）
ふがーっ

ジャンゴーは
まったりルームと
にぎやかルームに
分かれています
W・C
にぎやか
まったり
ふれあいスペース
カウンター
グッズ
出入口
にぎやかルームで
待ち構えているのは
コガネメキシコ&
ウロコ軍団!!
ヒマワリを
持っていると
とてもモテます
フンよけのフードも
モテます
ガジガジガジ
ボタンをかじりに
来るので（笑）
鳥にまみれたい方は
ぜひ、こちらへ

アニマルカフェですので
爬虫類もいます
ミーアキャット
ウサギ
ハリネズミ
お店の人に
お願いすると
殆どの子と
ふれ合えます
札幌にお越しの際は
ぜひ希少なミヤマと
ふれ合いに来て下さい
遊びに来てねー
ちなみに私のグッズも
置いてもらっています（CM）

内村かなめ

妹はいいものだ6巻2月22日発売 お仕事や趣味でマンガ描いたり鳥と遊んだり 艦これやとうらぶ、ヘタリアの東西やまどかに萌えたりしてます 埼玉でほにゃーとしてます。 リプはおそいです 鳥グッズ宣伝は @torikaname でしてます

https://twitter.com/UtimuraKaname
http://www.pixiv.net/member.php?id=109135
pixiv Id 109135

共通点と自由な点

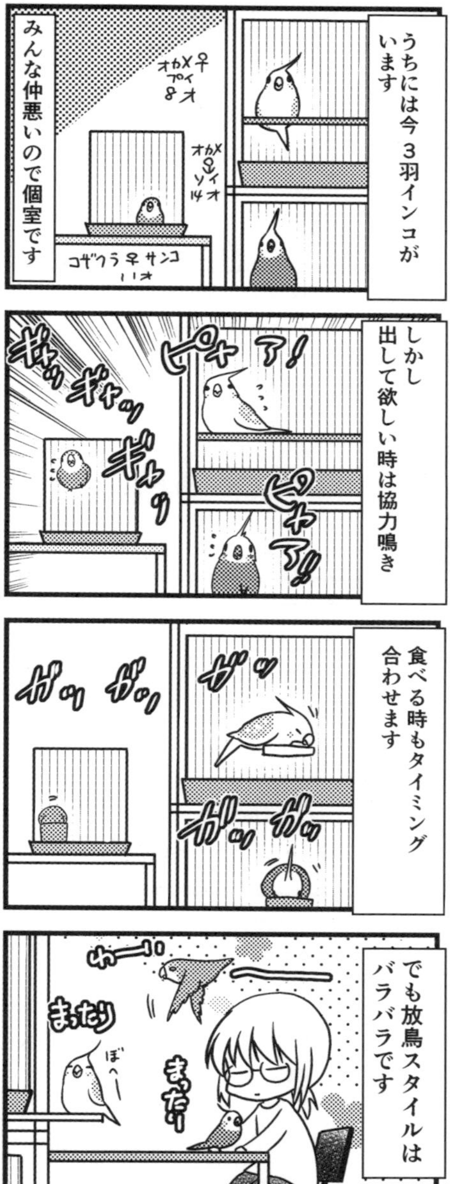
うちには今 3羽インコが います
みんな仲悪いので個室です
しかし 出して欲しい時は協力鳴き
ピャア!
ギャッ ギャッ ギャッ
ピャア!!
食べる時もタイミング合わせます
ガッ ガッ ガッ
ガッ ガッ
でも放鳥スタイルはバラバラです
ゎーー
まったり
ぼへー
まったー

シードについて考えたこと

主食はシード類です ペレットや他に食べれる物を たまに試してます
ポロッ…
まっず!!
あーこれも 嫌いかぁ
圧縮オーツ 平たいから食べやすいと 思ってたんだけどなぁ～
まぁ仕方ない 私もご飯食べるかぁ～
ん…?
圧縮オーツこっちにも 入ってた… 粟 稗も…
ザラザラザラ…
フルーツグラノーラ たべる
…なんか 鳥の残り物食べてる 気になる…

ゆっくり コミュニケーション
ソイ♂オカメは10歳の時に保護施設からうちに
よろしく～ 施設から性格は聞いてるから合わせていこうね～
雛からと違って目新しさはないだろうなぁ～ まぁまったりと…
ピュ～
ピャイッ
口笛好き？
ピュウ
ピャイッ
ピュウッ
ピャイ!!
雛と違って急に知らなかったことが発見できて里親もいい感じです
ピュウー
ピャイッ

自由鳥との戦い
コザクラインコのさんこちゃんは自由鳥
コラー
あー そこの書類の山はかじるの禁止ー！
バリバリバリ
もうっ
ていっ
ババババババ
ああっ
バババババ
もう!!
バッババババ…

既刊

羽毛 100%
ISBN-13: 978-4781603964
インコ生活充実中♪
「癒されて、振り回されて」がエンドレス。
4羽の鳥˜ズと暮らす日々をつづる【にぎやかコミックエッセイ】!
ハムスペ・あにスペでの雑誌連載分はもちろん、同人誌発表分、大幅書き下ろしを加えた「インコ好き必携」の1冊です。
コザクラインコのサクラさんとサンちゃん、
オカメインコのひぃちゃんとくま子ちゃん、
合計4羽のインコパラダイスをあなたも体験してみませんか?
みつみ美里氏・みささぎ楓李氏の特別寄稿マンガも収録!

インコと下僕(マジキューコミックス)
KADOKAWA / エンターブレイン
(2014/4/10)
鳥類愛好家必見! 美少女4コマなどでおなじみ、漫画家・内村かなめが自らのインコLOVEを躊躇なくダダ漏らす、「超」インコ漫画が登場! いかにして、著者がインコを愛すはめになったのか? そして書名の通り、インコに仕える下僕になるにいたったか? 答えはこの本の中で!! ご期待ください!!

よはきて・エウ

北海道出身。
18歳の時に上京し、デザインを勉強。
しかし何故かミュージシャンになり、
バンドでベースを弾く。
30歳を過ぎて漫画家を志し、
小学館マンガ大賞に入選してデビューする。
引野真二先生のアシスタントなどをしながら
修行を積み、いろんな雑誌で
ポツポツと作品を発表。
元は完璧にアナログ人間だったが、
6年前よりデジタルで漫画を描く修行を
始め、現在はフルデジタルで作画。
可能性を探っている。
最新作はウェブ漫画サービスにて
鳥漫画「弱・スパロー！」

ブログ「よはきて・エウの巣」
http://yohakite.com/eu/author/yohakite/

腹…へったなぁ。
グゥ〜
漫画
よはきて・エウ
となりのオジロワシ
一年前に引っ越して来たヤツらだ。
引っ越して来た当初は寒さで低体温症になりかけたり…
ストーブ効かない〜〜
仕事が無くなってビビりまくったりしてたようだが…。
北海道に一年暮らし出来た知り合いにも助けられてノホホンと暮らしやがってるようで…
あんなに丸々と太りやがった!

気に食わねえな！
こちとら空腹も限界だべ！
オマエら……
食ってやる！
……！
…と思ったけど。
スゲ～迫力!!
おっちぃのい…！
肥え過ぎてて持ち上げるの大変だからやめとくわ。

概略

鳥好きがこうじて、鳥漫画を描く漫画家と
その妻が、お金もないのに冬の北海道へ
大移動！
波乱万丈の引っ越しや、鳥との奇想天外な
出会いやふれあい。
野鳥天国の北海道で、
二人はどんな鳥と出会ったのか？
そして生活は成り立つのか？
手に汗握る日常を、ほっこりとお贈りします！

鳥・ストーリー
〜鳥漫画家とその妻が北海道で鳥ざんまい〜
発売元　イーフェニックス
ISBN978-4-908112-25-6

登場鳥種
シジュウカラ
アカゲラ
シマエナガ
スズメ
ジョウビタキ
コハクチョウ
ゴイサギ
シラサギ
ウトウ
ケイマフリ
オカメインコ

あとがき

皆様 お久しぶりです
鳥4コマからウチの子達のショート&描き下ろし
お楽しみ頂けましたでしょうか？
4コマ本を出し始めてからお迎えした子・お別れした子
それぞれの想い出をこうして残せる事が出来てとても
嬉しいです。今までもウチの子の名前を憶えてもらったり
本当に楽しかったのですが、正直 本を一冊描く体力が
無くなって来ていると実感しています。

次はいつお会いできるかお約束は出来ませんが
どこかでお会いできた時は「まだ描いてたんだね」と
声をかけて下さいませ。本当にありがとうございました

よしだ☆かおる

無理を言って描いて下さった
内村かなめ先生・よはきて・エウ先生
感謝を込めて♡♡♡

鳥クラスタに捧ぐ鳥４コマ１

小さな困りごとから大きな事件まで。

160 ページ；掲載鳥種　たくさんの鳥

ISBN-13: 978-4-903974-43-9 【900 円＋税】

発売日：2012/4/20

with Smile

鳥クラスタに捧ぐ鳥４コマ２

よしだ☆かおる

鳥派漫画家の本気の一冊。

160 ページ；掲載鳥種　さらにたくさんの鳥

ISBN-13: 978-4-903974-72-9 【900 円＋税】

発売日：2013/4/28

鳥クラスタに捧ぐ鳥４コマ３

２度あることは３度ある。
皆様のお家はいかがですか？

160 ページ；掲載鳥種　てんこもりの鳥とイケメンを

ISBN-13: 978-4-903974-95-8 【900 円＋税】

発売日：2014/9/8

鳥４コマシリーズ

鳥クラスタに捧ぐ鳥４コマ4

時代の波に乗れ！　来たぞインコブーム！

128 ページ：掲載鳥種　それなりにたくさんの鳥

ISBN-13: 978-4-908112-13-3　【900 円＋税】

発売日：2015/9/6

鳥クラスタに捧ぐ鳥４コマ５

え？　もう次の号出るの？　イケてるネタ大募集中！

96 ページ：鳥派のために 2016 年は２冊刊行！

ISBN-13: 978-4-908112-16-4　【800 円＋税】

発売日：2016/2/15

鳥クラスタに捧ぐ鳥４コマ6

え？　もう次の号出るの？　イケてるネタ大募集中！

96 ページ：キタコトリ発売！　新刊あります！

ISBN-13: 978-4-908112-19-5　【900 円＋税】

発売日：2016/9/5

著者プロフィール

よしだ☆かおる

著者略歴

北海道札幌市在住。高校卒業と同時にデビュー。小学館子供向け雑誌などに連載。ペットは鳥。
種類はヨウム・オカメ・セキセイ・文鳥・ゴシキセイガイ、シロハラインコ、コザクラインコと合わせて12羽の大所帯。
好きな球団は【北海道日本ハムファイターズ】
たまに書く日記　http://blog.goo.ne.jp/bingo5028/

既刊　単行本【ホテリアー上下巻】竹書房
　　　鳥クラスタに捧ぐ鳥4コマ1～6　イーフェニックス

よしだのお家のおとりさま
オカメインコから文鳥ヨウム等など鳥づくし♪
2018年5月21日　初版・発行

著者　よしだ☆かおる
発行元　イーフェニックス Book-mobile
〒160-0022　東京都新宿区新宿5-11-13 富士新宿ビル4階
電話番号/FAX　045-465-4011
発行人　草川智子
印刷・製本　光写真印刷株式会社
ISBN-978-4-908112-32-4 C0095
定価はカバーに表示してあります。
乱丁・落丁本がございましたら小社出版営業部までお送りください。
送料小社負担でお取り替えいたします。
本書の無断転載・複写・複製を禁じます。

©Kaoru Yoshida
Printed in Japan